The Small Big
台灣特有種 1

特有種大聲公

　　各位大小讀者展開這趟台灣特有種之旅前，有些事你不能不知道！以下這些問題來自關心台灣特有種的大朋友、小朋友，當然也來自森林裡活躍的動物、植物、車水馬龍道路旁草叢裡的小蛇、行道樹上的鳥兒、公園裡的松鼠……，編輯部和幾位台灣特有種明星們先統一為大家回答：

翡翠樹蛙 什麼是「台灣特有種」？

讚・回覆

鍬形蟲 如果你聽到 #台灣特有種，想到的是「只有台灣島上才有的物種」── Bingo！這是一個正確答案。特有種這個名詞，在生物學上指的是，某一個區域因為獨特的氣候、環境等，使得生活在當地的動物或植物，經過很長很長的時間，演化出特別適合這個區域的特性和生態，也就是「地區限定」。所以，台灣特有種指的就是在台灣特有的物種喔！

讚・回覆

鈍頭蛇 咳咳，我也是台灣特有種喔！不過像我們一樣的「台灣特有種」共有多少種類啊？

讚・回覆

奕達 這個我知道，昨天我才聽到研究人員說，截至2020年2月，台灣約有1257種動物，而特有種動物約有五分之一，台灣小小的島嶼，有這麼多特有種，代表這裡是生態很多元的地方。

讚・回覆

鈍頭蛇 多元？什麼是多元啊？

讚・回覆

台灣阿猴 台灣雖然是個小島，島上超過三千公尺以上的高山，有兩百多座，一座山從平地到山頂，就有不一樣的氣候和生物。平地有平原、溼地，再加上台灣四面環海，不同海岸孕育的生物也不同，真的是很多樣貌，這就是「多元」。

讚・回覆

招潮蟹 我知道，你們說的就是生物多樣性，保護生物多樣性，才能維持生態平衡，就像我生活在潮間帶，我身邊的彈塗魚、水筆仔，牠們不僅僅是我的朋友，也是我的家的重要成員，如果少了牠們，我就會沒辦法生活呢！

讚・回覆

翡翠樹蛙 不過，「特有種」還有別的意思喔！

讚・回覆

奕達 我懂，特有種也可以是形容詞，形容一個人很特別、很有勇氣，甚至願意做一些很少人嘗試的事，我覺得自己就是台灣特有種呢！

讚・回覆

帝雉 這倒是，雖然我很討厭人類靠近我，不過我常常躲在安全的地方，看人類到森林裡健行、拍照、做生態觀察，但很少看見小學生和中學生，我只有在千元鈔票上跟他們在一起而已。所以，看到你們幾個年輕人這麼熱愛大自然，真的很特別。

讚・回覆

大圓斑球背象鼻蟲 對了，我前幾天聽到一個名詞：2020台灣生物多樣性超級年！這是什麼東東？

讚・回覆

暐倫 這是全球的一個大計畫，2020年很多國家召開會議討論各地生物多樣性的情況，除了檢討之外，也會訂定下一個十年的計畫，所以對大家來說是很重要的一年。

讚・回覆

翡翠樹蛙 如果全世界的人類都能重視生物多樣性的話，我們就不用擔心生存危機了。

讚・回覆

郭蓁穎 沒錯，今年台灣的農委會特有生物中心有很多很棒的活動喔，帶大家到山林裡認識台灣生態，也讓大家知道台灣保育的成果。

讚・回覆

櫻花鉤吻鮭 我覺得讓大家認識我們，就是最好的開始喔！

讚・回覆

目 次

稀有保育類等級的節目，展現台灣特有種風格

台大昆蟲學系助理教授　曾惠芸

　　現在電視節目為了滿足廣大客群的需求，節目推陳出新，然而除了Discovery、National Geographic、Animal Planet等國外節目頻道外，與野生動物相關的節目並不多，更不用說台灣自己拍攝、以本土的野生動物為主角的系列節目，更像是所有節目中的「保育類」，稀有且獨特。

　　還記得2017年接到節目製作人偉智的email，提到公視想做一個台灣特有種的節目，其中一集是有關球背象鼻蟲，當下覺得很開心有這樣的節目，也毫不猶豫的接下這集顧問的協助任務。第一季的台灣特有種要以VR的技術拍攝野生動物，用這樣高難度的技術拍攝一群「不受控」（不會按照腳本走）的野生動物難度是非常高的，也需要攝影團隊極大的耐心與技術。

強大的團隊，取得珍貴的素材

　　由於用VR拍攝野外的野生動物，後續開始與節目製作團隊有了密切的接觸，每一次的接觸都充滿了驚喜，這個團隊裡的每個人都展現了強大的專業與喜愛野生動物的情感。

　　節目主持人之一的沁婕，對動物有一種專注與熱愛，一直記得她看到球背象鼻蟲時閃閃發亮的神情。在蘭嶼出外景時，導演晚上和我騎車上小天池，12點下山回到住宿的地方，接著四點一同和攝影團隊至朗島準備拍攝日出、再到永興農場錄音，導演對拍攝的每一個影像與環節都極為要求，細心的和每個團隊成員溝通想法；節目製作與企編從一開始的腳本就

展現了對拍攝物種的了解，拍攝時的每個環節與整體的時間、進度掌控度極佳；節目執行與助理在野外拍攝過程中總能在第一時間預先細心的替所有人準備好需要的東西，拍攝過程需要任何協助總是不怕辛苦的衝在最前面。

　　在蘭嶼和大家一起出外景時，發現的其他野生動物總是能引起團隊的每個人驚呼連連，大家看到野生動物的感動，相信會一直暖暖的放在心裡，不會被遺忘。

以閱讀讓感動延續

　　對野生動物的感動是人本質的一部分，透過節目團隊的拍攝成果，相信也會將這樣的感動傳給每一個人。也因為這樣的用心，台灣特有種節目獲得金鐘獎肯定，而接下來，要讓這樣的感動傳承下去，木馬文化將節目內容轉化為有趣的文字與漫畫風格。

　　從專業的角度看，這本書不僅僅是呈現方式非常吸引人，內容更是科學家們默默努力研究的成果展現；而這些為台灣生態努力的小達人們，更是台灣的希望與亮點，真正的台灣特有種。讓我們期待更多的年輕人展現其特有風格與行動，期待更美好的未來。

我們一起當台灣特有種！

昆蟲擾西 吳沁婕

　　《台灣特有種》是我人生中第一次主持的節目，「第一次主持節目就可以跟這麼棒的團隊合作，真的超級幸運！」這句話大概在我臉書講了100次了吧！

　　一開始製作人偉智拿著企畫書來跟我談的時候，我的確馬上就被這個節目的構想吸引了。認識台灣的特有生態，為保育盡一份力，看見在台灣這個成績至上的氛圍中，升學主義的教育體制下，原來還有這些可以專心投入自己熱情，在各專業生態領域的大孩子們。

　　興奮之餘也擔心著，公視的節目雖然品質有保證，但會不會限制很多？會不會有點無聊？畢竟，自己當youtuber自由自在想怎麼做都可以。後來想想，節目願意找我這樣的人，一個像男生的女生當兒少節目主持人，就是很大的突破了吧！感謝他們的勇氣，那我就來主持看看！

　　然後，我就被製作人和整個製作團隊圈粉了（讓我表白一下）。每一次出外景，都是兩車20人的大陣仗，雙機拍攝，所有細節都不馬虎。節目的腳本是企編構思後，幾位台灣生態領域的專家們，一再諮詢確認才交到我們手上。製作人偉智非常有經驗，也非常認真，卻給我們很大的空間，讓我第一次主持就可以非常安心的發揮自己。

　　每一次的主題，也都讓我學到很多。小達人們帶領著我看見更多台灣的美、台灣遇到的保育問題，我們可以如何出一份力。我第一次看到剪好的一集影片，全身起雞皮疙瘩，那精緻的片頭設計、配樂，超有美感、可愛的小動畫穿插在畫面中的台灣生態裡，感動著自己在這樣的團隊，精心準備的內容被高規格的呈現，這是台灣自製的生態節目啊！是我主持的節目耶！

突然覺得那些風吹日晒雨淋都好值得，每一個畫面在我腦中都是這麼的美。

而最難忘的，是那些大家一起等待，一起屏息凝神期待的瞬間。池塘邊，一閃即逝蛙腿踢得超帥的貢德氏赤蛙；環頸雉從草叢中點著頭出現；森林中，因為臭死人的製作人大便，而紛紛衝來的糞金龜；在北橫等了一夜收工前，出現讓我們叫到破音的魏氏奇葉螳螂；陸蟹媽媽終於順利走進海中抖動身體讓十萬隻baby游向大海……

有一群人，跟你有一樣的熱情，一起為相同的理念，為好的作品而努力。雖然在台灣做電視節目是這麼的辛苦，這麼的吃力不討好，但是這些堅持，得到了很棒的肯定。金鐘獎頒獎那晚，我們在台下喊破了喉嚨，我哭到妝都花了，我們得到了兩座金鐘的肯定，還有很多大小朋友給我們的回饋。

「我好喜歡《台灣特有種》，每個禮拜五都期待。」

「為了《台灣特有種》，小朋友寫功課特別快。」

「我有跟爸爸說，下次開車在山裡要慢一點，看看地上有沒有蛇。」

「昆蟲老師我跟你說，我以後也要像特有種的大哥哥、大姐姐一樣。」

每一集節目只有30分鐘，但其實還有好多好棒的內容想帶給大家，很多讓我們可以好好想一想，細細咀嚼的，感謝木馬文化把這些用細膩的圖文呈現出來。

看書吧！大小朋友們，看書很重要喔！大量的閱讀也是讓我們成為更厲害的人、有力量的人。很重要的一件事，昆蟲擾西驕傲的推薦大家這個超棒節目、超棒的一本書！

歡迎加入台灣特有種的行列

公共電視節目部經理 於蓓華

　　《台灣特有種》是近年來公共電視所製播，口碑與收視都深受歡迎的兒少節目。製作團隊投入許多資源，為觀眾提供全新觀點，挖掘隱身在山野林間，為自己所愛的生態保育而努力的故事，將年輕人也能擁有的力量，具體展現在螢幕面前。這正是公共電視在兒少節目的經營裡，所肩負的責任：提供台灣的孩子，更多元的觀點、鼓勵孩子有更多的行動。

　　節目裡以最新ＶＲ技術，也是電視節目首先嘗試以全新的視角和敘事方式，呈現生物的生態行為，如此近距離的認識台灣特有種，是公視的一大挑戰，卻也是非常榮幸的過程。

　　當木馬文化將台灣特有種節目從影像閱讀變成一本書，實在令人驚豔不已，不僅將節目中的台灣特有種躍然紙上，還繪製了孩子最愛的插圖，可愛的圖文增添了豐富又幽默的閱讀體驗，相信孩子一定會愛不釋手。

　　書中還增加了許多節目中，囿於長度與影片的流暢而捨棄的知識。例如：標本如何製作、昆蟲分類學是什麼？什麼是原生種、什麼是外來種？賞鳥的配備和方法、什麼是路殺動物？這些小知識的補充，讓這本書更「完整」了。

　　公共電視一直是小朋友、家長和老師信任的頻道，此節目也在許多自然老師和科教館等單位有極佳的口碑。隨著本書的出版，書中還增加了適合讀者一起進行討論的特有種任務，更完整了閱讀後的回饋，因此也很適合老師們作為課堂使用，書中提供了幾個生物專業網站，以及台灣特有種每一集的連結，謝謝木馬文化出版為台灣特有種創造更多的可能。

　　看到木馬文化和公共電視一起努力帶給孩子新視野，實在非常感動，也邀請讀者一起認識台灣特有種！

行動帶來力量

公共電視《台灣特有種》節目製作人　傅偉智

　　《台灣特有種》的製作，是一段過程艱辛成果卻無比美好的旅程，節目的起源來自於一個大膽的想法—用「VR」拍攝電視節目。幾經思量後，我們決定嘗試生態節目，這是電視界的首創，除了運用原本360環景拍攝外，並採用VR最新科技中的3D立體影像、微距視角去捕捉台灣生物世界的美好！

　　在一次一次拍攝過程中，發現大自然真的存在許多奧妙，也帶給我彷彿初見另一個世界的感動，心想這麼美好的事情一定要透過鏡頭傳達給觀眾，但這些美好的鏡頭都是要花時間和體力去等待、或是日曬雨淋換來的，這就是拍攝生態節目的難度！

　　《台灣特有種》有二層意義，一是指台灣限定的物種、一是「特有種的年輕人」！在升學主義下，長久以來台灣的學生樣貌幾乎一模一樣——努力讀書拚好成績上大學，幾乎把自己的興趣擺在一邊、把對大自然的喜好與關注的熱情收起來，不過卻有一群夠有種的年輕學子卻堅持這份對生態的熱情，堅持愛他們所愛，並為他們愛的物種實際採取保育行動！只是尋找熱愛動物、又有實際保育行動新生代的難度很高，我們透過各種管道，再經過一通通電訪的篩選，終於找到這幾位特有種的生力軍。在一次次拍攝之後，真的很感動台灣有一群年輕人沒有被升學主義洪流所淹沒，人生能做一件自己開心、也對世界有意義的事情，真的很棒！

　　很開心這次有機會與木馬文化合作，能將台灣特有種的內容轉化成文字，並補充了許多資訊和內容，誠如節目中的一句話——小行動，大力量，希望透過這本書能讓更多人了解台灣這片土地的特有物種，以及這群可愛的年輕人所做的事情，大家一起加入生態保育的行列。

埋首昆蟲世界的分類高手
✕
森林裡的角鬥士

埋首昆蟲世界的分類高手

胡芳碩
今年19歲，
中興大學昆蟲學系。
昆蟲迷，尤其熱愛
隱翅蟲。

Paederus fuscipes Curtis
1826
F. S. Hu det.

收集超過一千多隻
的昆蟲標本，種類
高達兩、三百種。

無時無刻都在整理昆蟲標本，甚至自製小型的攝影棚記錄昆蟲。

外出時，也不忘拍下巧遇的昆蟲。

夢想成為一名專業的昆蟲分類學家，持續發表新種昆蟲，並且為自己最喜歡的隱翅蟲洗刷汙名。因此一有空檔就會走入森林，採集昆蟲，為牠們建立更多資料！

迷上昆蟲，學會認國字！

　　說不上有什麼特別的原因，自有記憶以來，我就是一個昆蟲迷了！是什麼讓我變得如此熱愛昆蟲呢？我只能說，那是一種一見鍾情的感覺。這種感覺，就連媽媽都覺得不可思議，因為這份熱愛昆蟲的心，居然讓我在四歲時，反覆的看著昆蟲圖鑑後，便把圖鑑上的國字都記了下來。當時，我都還不懂注音是什麼呢！後來，媽媽乾脆帶我去正音班，學習正確的識字方法，所以我讀大班時，就能看懂很多國字，甚至可以跟著爸媽看報紙，把報紙上的標題大字，念出來！

▲看到昆蟲的開心合照。

迷上昆蟲，學會攝影！

　　隨著年紀漸長，我開始慢慢了解自己為什麼這麼喜歡昆蟲，因為牠們無所不在，而且每一種昆蟲都有牠們特殊的生態行為，這讓我很好奇，迫切的想要探索牠們的世界。如果我沒記錯，大約國小四年級的時候，我已經澈底的迷上昆蟲，到處尋找鍬形蟲、獨角仙、吉丁蟲……為了要記錄昆蟲的一切，還大膽的跟爸爸借了單眼相機，摸索怎麼拍照。接著便在家裡，架了一個小小的攝影棚，拍攝昆蟲，也拍攝製作好的昆蟲標本，為牠們做紀錄。

▲這個居家小攝影棚，可是我在探索昆蟲路上，不可缺少的夥伴。

迷上昆蟲，踏上昆蟲分類學之路！

看著我的昆蟲標本牆，眼尖的大家，發現了嗎？我有大量的隱翅蟲標本！為什麼我這麼著迷隱翅蟲呢？剛開始，我並沒有特別喜歡，只是單純的迷上各種昆蟲。

▲貼近看隱翅蟲，其實牠長的非常精緻又美麗。

上了高中之後，閱讀的文獻越來越多，這才發現，雖然在台灣很常聽到隱翅蟲，卻很少有台灣人研究牠，也沒有台灣人整理過牠們的分類現況，甚至在查閱資料時，只能找到很早期的資料，還很容易發現錯誤紀錄。我腦中立刻浮現：隱翅蟲需要好好更新資料的念頭……這一切的一切，激發了我與生俱來的使命感，於是我愛上牠了，漸漸的走上了昆蟲分類學的道路。

別看我只有 19 歲唷！我已經發表了很多次論文，發現很多過去沒有登錄的新物種，但是有個「副作用」，就是我的房間什麼器材都有，變得很像實驗室啦！

昆蟲分類學是什麼？

研究昆蟲如何分辨和牠們的系譜關係，涉及昆蟲種類的鑑定、命名、分類和親緣關係等。近年來，又形成了昆蟲數值分類學、支序分類學、化學分類學、細胞分類學、分子分類學等分支。

埋首標本，昆蟲迷的日常

▲製作標本是一件非常耗神又耗時的事。

▼ 70 箱昆蟲標本種類非常多，修復後一定能讓參觀的人認識更多昆蟲。

身為昆蟲迷，昆蟲分類學的新鮮人，為昆蟲製作標本通常是基本技術，而我可能比喜歡還多加了一些瘋狂。在我最瘋狂的時期，我會早上七點起床就開始做標本，一整天除了吃飯、睡覺、上廁所，幾乎不做別的事情，只是低著頭，小心翼翼，發揮我異於常人的耐心，完成一隻又一隻的昆蟲標本，就這樣一直做到現在，大概已經超過一千隻的標本，種類多達兩到三百種呢！不過別害怕，我沒有抱著昆蟲標本睡在一起那麼瘋狂啦。

想知道我最近都在做什麼嗎？這陣子，我都待在宜蘭的蘭陽博物館。因為有一位宜蘭地區的賢達，捐贈了一批昆蟲標本給館方，可是這 70 箱標本面臨了很棘手的狀況，因為牠們沒有被妥善保存，許多標本拿出來，根本都已經嚴重的位

移，離開標籤位置，甚至碎裂，好像從角落裡掃出來的乾枯生物，看了實在不忍心。

　　所以，在朋友的引薦下，我來這裡整理這批標本，半年來，我完成了將近一半的標本。

　　「哇，半年才整理好一半！怎麼這麼久？」我必須要說，一點都不久，還算快的！因為整理這些損毀標本一點也不簡單，甚至比重新製作標本還要難，一不小心會讓標本「斷手斷腳」，這個過程考驗著一個人的耐性和專注力。

▲修復壞掉的昆蟲標本，有時候比直接製作新標本還要難。

正式的 標本標示

　　正式的標本附有標本籤，標本籤上會有採集時間 、採集地點、採集人，還有牠的採集方式，更專業一點的，甚至還要有鑑定籤。

　　別小看這些資訊，它們都是昆蟲分類學家很重要的訊息，所以透過朋友引薦，接受這個修復的挑戰，除了是想為昆蟲分類學盡一點心力之外，我想最重要的是，這可以精進我的標本修復實戰經驗，提升自己的專業度！

採集中的昆蟲迷

聽到我一天到晚埋首在冷冰冰的標本裡，你是不是也覺得我肯定整天都宅在家？不！請大家想想，昆蟲在哪裡？當然是野外嘍！因此，野外採集，也是分類學家很重要的工作之一，現在就跟我到戶外，體驗野外採集吧！

採集什麼呢？當然是我最喜歡的隱翅蟲，就是長輩常常耳提面命，說著：「不要打它，不然你的皮膚會爛掉」的隱翅蟲。其實，不是每個隱翅蟲都這樣啦！牠們可是昆蟲界中物種數最多的甲蟲，世界上被命名的隱翅蟲，超過六萬四千種，有些物種，根本沒有這種特性。所以我一心就想著要為隱翅蟲累積更多資料，替牠們「申冤」啊！

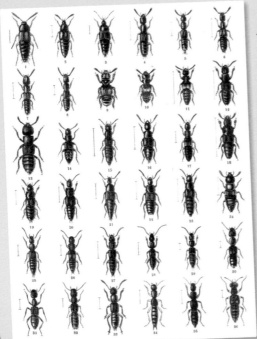

圖片來源：維基百科

然而想要採集到隱翅蟲，必須掌握一個關鍵──潮溼，因此我們可以選擇在流水處旁邊的小路上，在昆蟲必定會經過的飛行廊道上，架設攔截板，等待昆蟲們經過時，不小心撞上攔截板，掉入為牠們特別調製的採集液裡。其實就是酒精加水稀釋，再加點洗衣粉，讓牠們在跌落時被困住。這種「攔截板採集法」，是專門針對不會趨光的昆蟲，通常只要靜靜的放置一陣子，就能在底下的採集液裡，找到許多掉落的昆蟲，接著再把這些昆蟲帶回去檢視就可以啦！只不

過，這些掉進採集液裡的昆蟲實在很像黑色渣渣，回去還得花上一段時間辨別。

當然，攔截板採集法並不是唯一的收集方式，像是常見的「掃網採集法」，針對生物特性翻找，找到後用「吸管採集法」都是方法之一。我通常穿插使用，像是在等待攔截板收集到昆蟲的同時，我就會到去處翻找，或是用柔細的昆蟲網，往樹冠層掃網採集喔！

▲在昆蟲必經的小路上架設攔截板。

很多人看著我持續朝著昆蟲分類學的道路邁進，除了鼓勵也常擔心的問我：會不會覺得孤單？一點都不會呀，因為我知道分類學研究是所有生命科學研究的基礎，人們必須要知道那些物種是什麼，才有辦法去做接下來的保育工作，所以我希望自己能夠為大家準備好基礎資料，用另一種掌聲不多的方式，為生態保育貢獻一份心力！

▲利用架設後等待的時間，可以在附近翻找昆蟲。

說到昆蟲，大部分的人不會像我一樣想起隱翅蟲吧！沒關係，接下來，我要帶大家走進一座迷霧森林，認識一種好像熟悉又不太熟悉的台灣特有種喔！ GO ！

森林裡的角鬥士——台灣深山鍬形蟲

小檔案

台灣深山鍬形蟲屬
雄蟲體長：35-86公釐
雌蟲體長：24-45公釐
住在海拔500~1600公尺
的山區

我們鍬形蟲最大的特色，就是有一對又大又彎的大顎，這不是用來咀嚼進食的工具，是雄性鍬形蟲結合力與美的格鬥武器喔！

真的很帥，難怪鍬形蟲也是甲蟲王者之一。但我記得……不同物種的鍬形蟲，大顎是不是都有點不同啊？

當然不同，長的、短的、粗的、細的、彎的、直的……什麼奇形怪狀都有！

鹿角鍬形蟲

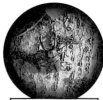

兩點赤鍬形蟲

台灣扁鍬形蟲

漆黑鹿角鍬形蟲

不過，我還是覺得自己最特別。

耳突有稜有角

大顎修長向下彎曲，
尾端上下分岔，
具有發達的內齒突。

頭盾突出分岔

哇，好勇猛
的大顎！

其實，不用比啦！
雄蟲一站到雌蟲旁
邊，就會瞬間變得
超猛超帥的！

好吧！你
說得對！

說了這麼多，肚子都餓了！該去尋覓美味大餐了……

你今天想吃什麼啊？這麼凶猛會不會是吃肉呢？

呵呵，才不是，我雖然看起來凶猛威風，但卻是草食男喔。

中低海拔的山區，是我們偏愛的居住熱點，這裡有很多殼斗科的植物，代表著我有享用不完的美食。

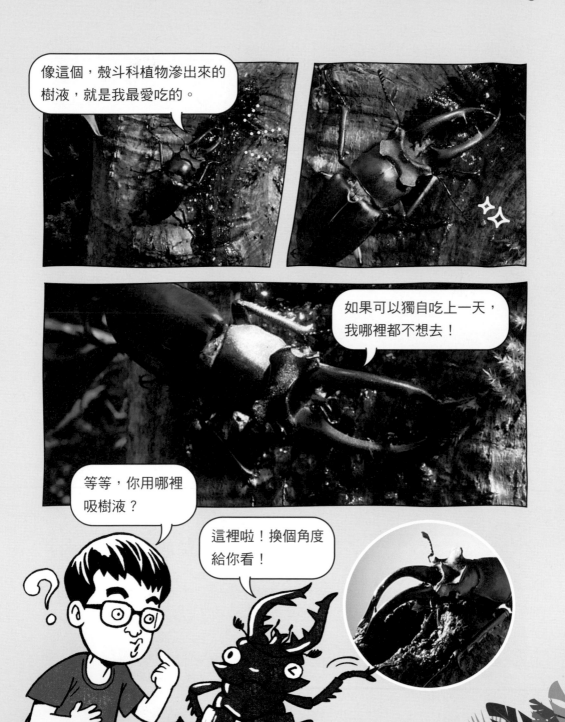

牠是勁敵？
怎麼說？

我分析給你聽喔！先說說我自己好了……

因為大顎下方有許多壓力感受器，我們擅長從上方鉗住對手的背部。

台灣深山鍬形蟲的大顎是彎的。

伺機抓舉再狠狠拋出

看我的厲害！

喝啊！

OH NO！

至於二點赤鍬形蟲，體型比我嬌小，可是卻擅長持久戰！

怎麼說呢？

大顎上下都有感受器

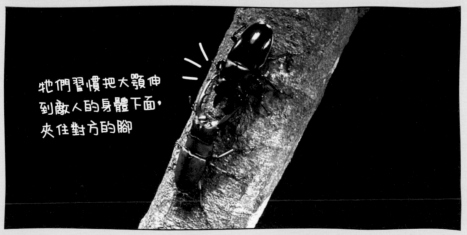

牠們習慣把大顎伸到敵人的身體下面，夾住對方的腳

噹！噹！噹！

比賽開始！

為了擁有這些寶貴的資源，當然要使出全力來守護！

出招吧！

我夾！

我劇！

劇不到

夾不到我咧

ㄜ……接下來是我們蟲蟲的重要時刻，你要在這裡看嗎？

我可以看一下嗎？因為我聽說過護雌行為，但沒有真正看過耶！

你確定嗎？這有點害羞耶！

進行護雌行為的時候，雄蟲會趴在雌蟲背上，用觸角輕輕觸碰雌蟲。

接著再伸出生殖器官完成交配，把優良基因延續下去。

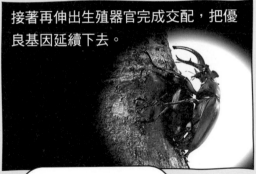

情敵你來不及了！我們已經完成終身大事了。

天啊……我回來太晚了嗎？

嗚嗚……我的公主，我要去找我的公主。

掰掰，你也要幸福喔！

~THE END~

特有種任務 GO!

昆蟲擂台大賽，開打！

　　昆蟲擂台大賽即將展開，這次登場的是格鬥大師——鍬形蟲。不過，主持人把介紹牠們出場的卡片弄亂了。請你幫幫忙，根據下列描述，寫上正確的鍬形蟲物種吧！

A.紅圓翅鍬形蟲　　　B.台灣深山鍬形蟲　　　C.二點赤鍬形蟲

❶ 身體特徵：油亮黑褐色，有修長、向下彎的大顎，雄蟲體長約35～86公釐。

❷ 必殺絕技：從上方箝制對手背部，伺機抓舉再狠狠拋出。

❶ 身體特徵：胸背上有對稱的兩個黑點，全身黃褐色。

❷ 必殺絕技：擅長持久戰，大顎上下都有感受器，習慣把大顎伸到對手身體下面，夾住對方的腳，狠狠鏟起。

SOS，昆蟲追緝令

新郵件

寄件人：小糊塗

收件人：小聰明

主旨：去抓蟲！

親愛的小聰明：

　　我下星期即將和昆蟲博士外出採集昆蟲，可是我把他交代事情搞混了。以下是博士列給我的清單，拜託，請你幫幫我！

◎採集方法：攔截板採集法。

◎採集對象：沒有趨光習性的小蟲蟲。

◎準備工具

☐ 透明塑膠布　☐ 捕蟲網　☐ 電蚊拍　☐ 酒精　☐ 洗衣精

☐ 手電筒　☐ 架子　☐ 水盆　☐ 漏斗　☐ 吸蟲器

◎出發總要有個方向，我要去哪找牠們？

☐ 淺淺的溪谷　☐ 泥濘的沼澤　☐ 漆黑的山洞　☐ 學校的操場

◎到適合的地點，該怎麼架設捕蟲器材呢？請寫下步驟。

蟻人和蝙蝠俠的保母
╳
火山島上的金鐘罩

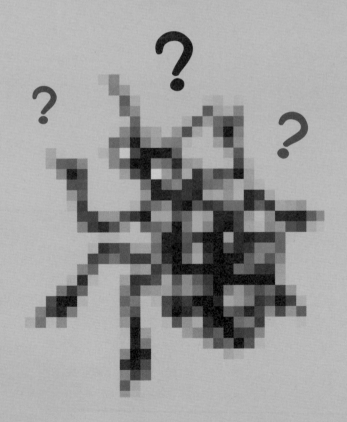

蟻人和蝙蝠俠的保母

范振新
今年17歲，
道禾實驗高中
三年級

熱愛昆蟲，螞蟻控，
家裡都是螞蟻窩，
大大小小有10多個！

同時也是蝙蝠保母！
黑糖是我照顧的蝙蝠中
最喜歡的一隻。

螞蟻住在地底下，我也
喜歡待在我的地下室。
我喜歡尋找各種螞蟻
的蟻后，然後再組成一
窩螞蟻家庭，在地下室
好好觀察！

夢想是希望大家都能對野生動物友善，
不管這種動物是不是討喜的唷！

也曾經討厭螞蟻

　　在愛上螞蟻之前，我也曾經好討厭牠們，因為牠們總是攻擊我喜歡的動物。記得小時候，家裡養了三隻寵物雞，牠們還是小寶寶，我每次去看雞，就看到螞蟻在攻擊牠們，當時的我實在不知道該怎麼阻止螞蟻，最後三隻小雞，只存活了一隻。每次想到這段回憶，我就覺得有點難過。

　　也許是這樣！我反而開始認識螞蟻。現在，我最喜歡躲在我的地下室裡，看著螞蟻在巢穴裡用觸角互相拍打、彼此溝通，這個重覆的動作對螞蟻來說很重要，而我看著看著也覺得真的好療癒啊！不過，不是每個人都覺得螞蟻很療癒啦，我知道，大部分的人，只聽到我養了一窩一窩的螞蟻就會說：好噁心喔！為什麼養

這個?就連我的家人都曾經有點害怕。很多童話故事、繪本裡,總是安排螞蟻搬糖吃的橋段,但實際上,螞蟻除了會吃糖之外,也要攝取一些蛋白質,所以飼養螞蟻通常會餵麵包蟲,可是麵包蟲不容易人工養殖,吃完就沒了,所以,我就特別飼養乾淨的小蟑螂,當作螞蟻的食物,這差點把我媽媽嚇壞,立刻跟我約法三章,不准讓蟑螂溜出來!所以嚴格說來,我的家人怕的是蟑螂,而不是螞蟻啦!

▲蟑螂讓大家聞之色變,卻是螞蟻的美味大餐。

說真的,我自己其實也不喜歡蟑螂,但是為了我心愛的螞蟻們,我可以用小鑷子夾蟑螂,誰叫我是螞蟻控!在認識螞蟻之後,我發現螞蟻其實很聰明,不僅會分工合作,把運回來的食物分類存放;也會把窩裡的螞蟻寶寶搬到適合的空間生長,還會在家裡把垃圾集中,就跟我們人類一樣耶!

▲蟻后體型較大，背上又有翅痕，其實不難發現。

來養螞蟻吧！

想要養好一窩螞蟻，第一件事，就是要找到一隻蟻后，因為通常一個螞蟻窩，只能有一隻蟻后，如果一窩螞蟻裡有新的蟻后誕生了，牠們就得飛出去尋找別窩的雄蟻交配。如果我們想要找到一隻蟻后，抓進螞蟻窩裡飼養，最好的時間就是在晚上的路燈下，因為夜晚是螞蟻的婚飛期，也就是交配期。

可是，你是不是想問地上的螞蟻小又多，該怎麼找到蟻后啊？請注意觀察，蟻后有翅膀，可是婚飛期之後會脫落，脫翅之後就會留下一個痕跡，叫翅痕，所以當你抓到一隻螞蟻，請你觀察牠背上是不是有個小痕跡喔！

當你確定抓到蟻后了，第一個步驟，請先讓牠獨處一下，單獨放置在只有牠自己的試管裡，讓牠有安全感，好像在坐月子中心那樣。

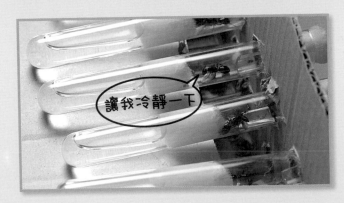

螞蟻觀察箱 製作步驟

　　聽完之後，你會想像我一樣養螞蟻嗎？如果你想養一窩螞蟻，請依這樣的方式，讓螞蟻們住進這樣的觀察箱：

1. 找一個透明塑膠飼養箱。

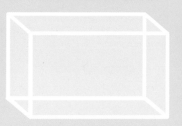

2. 在飼養箱的四周，塗上凡士林或食用油。

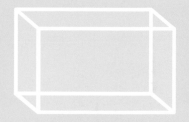

3. 用黏土捏出巢室的形狀，黏在飼養箱上。

4. 灌上石膏等待石膏乾硬。

5. 石膏乾了，從容器中倒扣出來。

6. 將黏土小心的挖出來，再放回容器裡就完成了！

我也是蝙蝠俠的保母

　　另一件讓我熱愛的事，就是擔任蝙蝠的保母，我們家第一屆的蝙蝠保母，是我的媽媽！她和我一樣喜歡動物，可是當了蝙蝠保母之後才發現，照顧蝙蝠是一件非常勞心勞力的工作，像是面對嗷嗷待哺的幼蝠，光是餵食就要花掉很多的時間，牠的鼻子和嘴巴太靠近，餵食的時候必須很小心的瞄準嘴巴，不能滴到鼻子讓牠嗆到。

　　有一天，我們家第一屆的蝙蝠保母發出求救，她說：「兒子啊，我太累了，拜託你幫忙餵一下餓到不行的幼蝠好嗎？」從此，餵著餵著，我就餵出了興趣，從餵食到幫忙練飛，甚至是例行健康檢查，最後都變成我一手包辦，成為我們家第二屆的蝙蝠保母啦！

　　為什麼會有蝙蝠保母的工作出現呢？這說來，又和大自然過度開發有關係了。我們都知道蝙蝠最自然的棲所就是洞穴，可是人們在建設與開發的時候，根本不會注意哪些地方是適合蝙蝠藏身的棲地，或者根本對蝙蝠印象不好，自然也就不太在意牠們。於是，洞穴慢慢消失了，各種建築的牆面也比以往更光滑，並不適合蝙蝠棲息，因此牠們可以躲藏、棲息的地方變少了。再加上蝙蝠實在是比較特殊的動物，也不

▶蝙蝠保母的日常：餵ㄋㄟㄋㄟ。

適合飼養，因此當蝙蝠因為不明原因掉落地面之後，很少有獸醫院可以照顧牠們。所以有一群愛護蝙蝠的人們，便發起了擔任蝙蝠保母的志工工作，現在整個台灣的蝙蝠保母大概有 80 人左右嘍！如果有人願意協助蝙蝠，也可以像我一樣加入保母這個行列呀！

蝙蝠保母 做什麼？

　　受過專業訓練的蝙蝠保姆，一但遇上拾獲蝙蝠的通報，通常會有幾個固定的工作流程，

1. **判斷**：判斷可能的物種、健康狀況、年齡（幼蝠、亞成蝠、成蝠）
2. **記錄**：記下拾獲民眾資料（以方便後續野放）、測量體型，然後填寫記錄表回報台北市蝙蝠保育學會
3. **照顧**：帶回家「照養」、進行「飛行訓練」，最後等蝙蝠長大或復原，再回到發現地「野放」嘍！

　　除了照顧之外，蝙蝠保母也有以下這幾個作用：

1. **提供諮詢**：有經驗的蝙蝠保姆們，經常透過「facebook」、「line」等平台，分享蝙蝠救援的流程、處理方式及照顧經驗！若有蝙蝠需要協助時，也能第一時間回應、通報。
2. **協助救傷**：如果有人通報蝙蝠很虛弱、受傷無法自行回到野外，而撿到的民眾不方便照顧時，隱藏於民間的「蝙蝠保姆」就會出任務啦！

只顧著跟大家說螞蟻，談蝙蝠，差點忘了今天的任務還有一個，是要跟大家分享一隻住在蘭嶼的漂亮「硬」漢，也是台灣的特有種昆蟲之一，一起來看看吧！GO！

火山島上的金鐘罩——大圓斑球背象鼻蟲

我知道你是誰了！你是蘭嶼的特有種！

沒錯！我是昆蟲界赫赫有名的「硬」漢，**大圓斑球背象鼻蟲**

小檔案

象鼻蟲科
體長：15-25 公釐
寄生植物：火筒樹

位在台灣東南方外海的蘭嶼，是座火山島，有著原始的熱帶雨林，與古老的原住民達悟族文化。

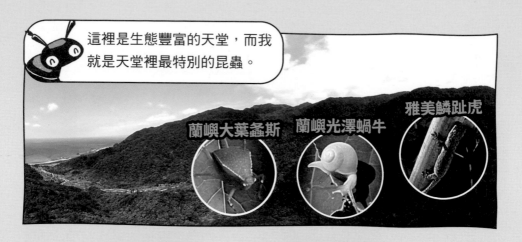

這裡是生態豐富的天堂，而我就是天堂裡最特別的昆蟲。

蘭嶼大葉螽斯　　蘭嶼光澤蝸牛　　雅美鱗趾虎

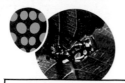

大圓斑球背象鼻蟲

小圓斑球背象鼻蟲

白點球背象鼻蟲

條紋球背象鼻蟲

斷紋球背象鼻蟲

如果我沒記錯的話，目前在蘭嶼的球背象鼻蟲家族，共有五種。每種斑紋都不一樣，對嗎？

是啊，除了我們大圓斑，還有小圓斑、白點、條紋與斷紋。大家各自喜歡的食草都不同，所以不會因為搶食而競爭，可以一起生活！

咦？這隻，也是球背象鼻蟲家族的一員嗎？

才不是，牠是擬硬象天牛的一種，雖然長得很像，可是牠會飛！我們不會飛喔！千萬別搞混！

不會飛？所以你不會離開自己生活的火筒樹嘍！

通常不會啦，而且在我來到這裡之前，歷經了一段辛苦的過程……

有一天，我睡著醒來後，發現自己居然在一片廢墟裡，心愛的火筒樹不見了，同伴不見了，只看到龐大的怪物，還有大片的碎石塊。

那怎麼辦？

當然是趕快跑！跑去尋找新的火筒樹、跑去找同伴團圓。

我告訴我自己，一定要鼓起勇氣穿越這片廢墟和熱帶林。

可是你又不會飛，怎麼穿越？很危險吧！

嘿嘿，別擔心！

我可是天生的「跑酷」高手！

因為我六隻腳的末端，有像鉤子一樣的利爪。

圖片來源：維基百科

讓我可以附著在任何地方。

攀上高聳陡峭的岩壁。

穿越像鋼索一樣的枝條。

就連強風也吹不走我。

天啊！你小小一隻，卻有這麼多高強的武功！

那還不是最厲害的！

哼哼，最厲害的是，一公分大的我，還有兩招強大的家傳武功！

最厲害的是什麼？

第一招，是祖先們歷經漫長的演化而來。

演化的過程中，我們放棄了飛行能力。

翅膀癒合而且很堅硬，和肚子緊緊相連。

形成一層硬梆梆的保護殼，很難咬破。

家傳硬功夫：金鐘罩

後翅退化，左右翅鞘癒合，並緊密與腹部貼合，形成非常堅硬的外殼，是球背象鼻放棄飛行而演化出的特異功能。

翅鞘癒合處

這就是我家傳的硬功夫
金鐘罩

鮮豔亮麗的警戒色

身上的斑紋是由一個個細小的藍綠色鱗片所組成，在陽光下會顯現金屬般的光澤。

這亮麗的迷彩裝有警告的作用喔！警告那些掠食者：「我不好吃，請不要靠近我。」

就是這兩樣家傳法寶，讓我能夠安心的趴趴走！

金鐘罩

警戒色

就連攀木蜥蜴都知道我的厲害，不敢輕舉妄動！

我真的一點都不想吃，噁——

真的嗎？攀木蜥蜴，都不會好奇想要試一試！

年輕一點的攀木蜥蜴有時候傻傻的，還是會想吃吃看。

我記得，在我翻山越嶺想要找到棲地的路上，就遇到一隻，而且還緊追不捨！

稍早畫面

不要跑！

唉唷，你很煩耶！

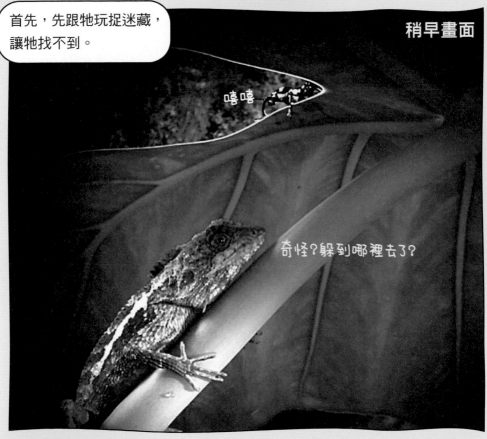

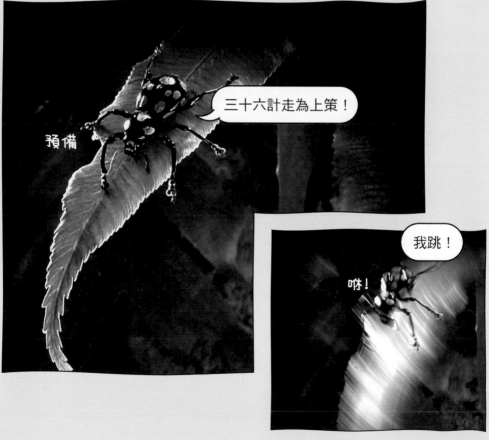

咻！

完美著地 10分

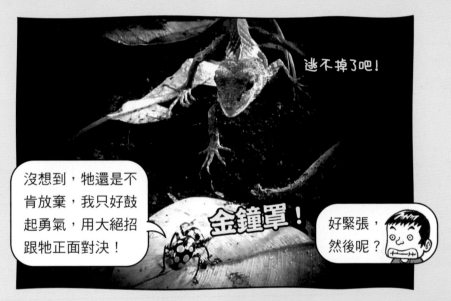

逃不掉了吧！

沒想到，牠還是不肯放棄，我只好鼓起勇氣，用大絕招跟牠正面對決！

金鐘罩！

好緊張，然後呢？

然後我就被咬住了。

什麼！！

唉唷喂呀

呸，太硬了咬不動啦！

跟你說了吧！

哈哈！我金鐘罩的稱呼，可不是說說而已！

原來根本咬不下去啊！

想到那隻傻蜥蜴我都睏了！

先別睡，你故事還沒講完耶！

喔，對耶！總之，那天我擊退那隻傻蜥蜴之後，走了好久好久……

終於在叢林的深處，發現幾棵高大的火筒樹，我超開心的！

火筒樹

在那邊遇到的同伴告訴我，樹的另一頭還有和我一樣因為棲地被破壞而落難的大圓斑！

我趕過去一看究竟，果然是我一直在尋找的同伴。

找到你了!♥

嗚嗚……經過千辛萬苦我們終於團圓了。

原來這裡，是我們僅存的幸福樂園，希望能夠一直這樣幸福地生活下去！

嗚嗚……好感人！

ㄜ，你好像比我還感動耶！

～THE END～

特有種任務 GO!

小寶石生存大挑戰！

　　小寶石是一隻大圓斑球背象鼻蟲，牠原本住的火筒樹被人類破壞了，只好踏上尋找新家的危險旅程。不幸的是，小寶石的蹤跡在一片葉子上被大蜥蜴發現了，趕快幫忙小寶石出招，不要讓牠被大蜥蜴吃掉！

- 大蜥蜴使出「爬爬功」！

  爬到了小寶石所在的葉片上，快幫小寶石想辦法！

  小寶石的招式：＿＿＿＿＿＿＿＿＿＿＿＿＿＿＿＿＿＿＿＿＿

- 大蜥蜴使出「四腳驅動」！

  追著小寶石滿葉子跑，葉子上已經沒地方躲了，快幫牠出招！

  小寶石的招式：＿＿＿＿＿＿＿＿＿＿＿＿＿＿＿＿＿＿＿＿＿

- 大蜥蜴速度太快了……

  追上了小寶石，張開大口咬了下去，該怎麼辦？

  小寶石的招式：＿＿＿＿＿＿＿＿＿＿＿＿＿＿＿＿＿＿＿＿＿

- 太好了！你們聯手擊退大蜥蜴。

  小寶石為了感謝你，請你設計牠未來的家，這可是象鼻蟲界最高榮譽

  呢！請畫出小寶石理想的家：

可憐小蟲迷路了！

　　夜晚吹來陣陣微風，晚上九點多，大地睡了，但是晚上不睡覺的昆蟲可多了。因此，昆蟲派出所的「生意」總是很好。咦？怎麼有一隻可疑的小蟲子探頭探腦呢？原來，牠迷路了。

●請你根據下列描述，想一想牠是什麼昆蟲？

1 長的很像螞蟻，體型卻比一般螞蟻還大。

2 背上有兩塊像是翅膀脫落的痕跡。

3 牠說肚子餓了，想吃一點糖，或者麵包蟲。

●牠晚上不睡覺，外出做什麼呢？

●你知道牠是誰了嗎？幫牠畫個家吧！

原生蛙棲地的守護者
✕
池岸林邊的綠寶石

原生蛙棲地的守護者

莊博鈞

今年13歲，台北市介壽國中二年級。
青蛙守護者。

一有空閒就會走進
山林，逮捕威脅本土
青蛙的外來種；加入
蛙調行動六年以上。

養著一隻被寵物店老闆
認錯的霸王角蛙,正確名
稱是蘇利南角蛙。

從小就是生態解說高手。

希望用自己的力量,維持
山林間食物鏈的平衡,
保護台灣的原生蛙類,
讓牠們能夠快快樂樂
的,活在這片樂土上,不受
外來種的侵擾。

偶遇台北樹蛙，從此愛上蛙！

「週末裡天氣好，我的休閒通常會在山林裡，認真的尋找外來種青蛙，不是因為我喜歡外來種青蛙，而是我覺得我得盡力找到牠們並且帶走，可以幫助山林維持生態平衡，保護台灣原生的青蛙。」聽到我這麼說，有點驚訝嗎？我好像和這個年紀的孩子不太一樣，沒有抱著手機著了魔似的拚命滑；或是坐在電腦前，上網打電動，我也不知道為什麼？我就是對於那些沒有太多的興趣。當然，我也有著魔的事，那就是保護我鍾愛的台灣原生種青蛙們。

可是，為什麼是青蛙呢？說真的，青蛙並不是我的「初戀」喔！最早，在我年紀還小時，喜歡的是食蟲植物，總覺得身為一種植物，居然可以吃蟲，真是太酷了！所以，當時只要爸爸帶我們去花市，看到食蟲植物、捕蠅草……我就會興奮的研究好久，還拜託爸爸讓我買回家養。像是家裡那

▲媽媽被迫收下這「全天下最棒的禮物」。

盆茱迪思瓶子草，就是我們把它當成母親節禮物送的，結果媽媽收到就傻掉了！因為媽媽根本不喜歡食蟲植物啊！只是當時我覺得那是全天下最棒的禮物，所以才送給她，我相信媽媽會明白吧！

　　不過隨著時間過去，我開始覺得植物都不會動，就算會抓蟲，在家裡面也沒蟲可以抓，好無聊喔！於是我請爸爸放假就帶我去森林散步，希望可以看到會動的動物。果然，一趟又一趟的森林之行，讓我大開眼界，見到許多動物，像是斯文豪氏攀蜥、各種蛇類和青蛙，逐漸變得很平常。就在國小二年級升三年級的暑假，我和爸爸第一次看到了台北樹蛙，那當下，我覺得好驚奇！因為大部分常見的蛙，都是咖啡色，還泡在水裡、泥灘裡，而眼前的這隻台北樹蛙，卻長得晶瑩剔透，美得像顆寶玉，於是我愛蛙的火苗就這樣，悄悄的在心中燃起了。在那之後，我對蛙類就比以往更喜歡，好像身體裡的青蛙雷達被打開了呀！

◀讓我一見鍾情的台北樹蛙。

愛蛙就加入蛙調吧！

　　打開青蛙雷達後，我開始認識青蛙的生態，發現青蛙扮演著食物鏈之中非常重要的位置。

　　怎麼說呢？當你進入到一個環境，想了解環境中的生態狀況好不好時，可以先從青蛙的數量稍作判斷，因為看到青蛙多，就代表可能不用擔心上一層的掠食者沒有食物吃，像是老鷹會吃青蛙，

一定有東西吃、能夠吃得飽；而同時也可能表示，底層的昆蟲有一定的數量，才會讓當地的青蛙吃得飽、長得好、數量多。

　　這時我們就能推斷，這裡的食物鏈是好的，而食物鏈好也代表著生態會好。如此一來，人們就可以觀察青蛙的數量，初步檢視當地的生態健不健康，一旦生態健康，就表示有各式各樣的物種在裡面生活，可以讓人們觀看欣賞，讓人們更喜歡這片土地，進而主動保護牠們。

　　至於該怎麼了解青蛙的數量，當然就是深入環境進行「蛙調」嘍！別以為這是我自創的名詞，這已經行之有年，就是針對蛙類調查與監測的活動，因為定期的蛙調可以掌握各種蛙種的數量，了解青蛙的生態變化，也是蛙類保育上重要的參考依據。

　　身為一個青蛙守護者，我常常加入蛙調活動，只是我這條路上有點孤單，一開始我總是熱情的邀同學、朋友和他們的家人，一起前往平原和淺山地區探查。可是，走著走著，大家很快就累了，有的人甚至開始感到無聊滑手機，或者就先行離開。漸漸的，我也越來越少約同學參與這樣的活動，只是心裡不免還是有些擔心，如果大家都這樣的話，台灣的原生蛙種要由誰來守護啊！

蛙調 是什麼？

　　蛙調就是蛙類調查，聽起來像是學術單位的研究，但其實蛙類調查人人都可以參與，不只是學術單位為了收集學術資料，也是為了保育而做。蛙調監測的同時，不只可以監控蛙類的生態，還可以觀察其他瀕危動物的動態。

嗨!我是斑腿樹蛙!

燃燒小宇宙,打擊外來種!

　　為什麼我會這麼擔心呢?因為要維持生態平衡,真的是很不容易啊!近年來,台灣的原生蛙種面臨到外來蛙種威脅,像是斑腿樹蛙,就是最經典的例子。當然這不是斑腿樹蛙的錯,而是人們自己造成的。

　　斑腿樹蛙原本產在雲南、香港一帶,為什麼會搬到台灣住下來?這是因為台灣商人在進口水草時,不小心夾帶進來的。誰都沒料到,牠們面對新的環境,居然有超強的適應力,牠們吃的東西和不少台灣原生種一樣,睡的地方也一樣,繁殖期卻多了三個月,產下的卵也比別人多,所以現在變成野外的優勢蛙種,嚴重威脅到本土青蛙的生存空間。

斑腿樹蛙怎麼到台灣的?

台灣商人從雲南、香港進口水草。

斑腿樹蛙跟著水草遷移到台灣。

當我意識到這一點時，體內的小宇宙就悄悄燃起了，覺得自己應該要成為真正的本土青蛙守護者，努力保衛原生蛙種的生存空間，一有空檔就深入山林，一隻一隻清除斑腿樹蛙。但是，要小心喔！斑腿樹蛙和台灣原生種的布氏樹蛙長得很像，千萬不要抓錯了！

不是開玩笑的，我每一趟蛙調都能抓到很多，但是抓到之後該怎麼辦呢？通常我會讓牠再度回歸食物鏈，怎麼做呢？真的很抱歉，因為青蛙本來就是部分鳥類猛禽的食物，所以我會帶著牠們送到台北野鳥協會，交給保育人員冷凍起來。一旦有受傷需要救援的肉食性猛禽或幼鳥被收容時，就可以解凍給牠們吃，這是另一種回歸食物鏈的作法啦！雖然乍聽之下，好像有點慘忍啊！

誰是 斑腿樹蛙 ？

斑腿樹蛙和布氏樹蛙長得很像，如果需要清楚的辨別，可以觀察後腿的腿紋。斑腿樹蛙是黑底白點；布氏樹蛙是白底黑色網紋狀，很像網紋絲襪。

今天說了好多沉重的話題，好像讓大家有點悲傷。好吧！為了洗掉這個悲傷的感覺，接下來就為大家介紹另一種，和台北樹蛙一樣晶瑩剔透的台灣特有種，保證你會跟我一樣愛上青蛙喔！

池岸林邊的綠寶石──翡翠樹蛙

圖片來源：維基百科

那天看到台北樹蛙之後，我想起另一位和台北樹蛙長得很像的小傢伙！

跟我很像？

台北樹蛙

這個小傢伙一樣是台灣限定，一樣是北台灣才看得到，所以我忍不住又出發尋蛙了……

這個聲音！

呱呱

你就是在找我吧！

對呀！你本蛙真的好可愛。

那當然，我是台灣限定的**翡翠樹蛙**耶！

鮮綠的皮膚、白嫩的肚皮，發達的吸盤、又大又圓的眼睛，畫著超級時髦的金色眼線，這些都是我們的招牌特色。

小檔案

樹蛙科
雄蛙體長：5-6 公分
雌蛙體長：6-8 公分
住在台灣北部低海拔森林，有純淨水源之地

你的名字也很好聽，叫「翡翠」，是因為你長得很像一顆綠寶石嗎？

這麼說……好像對，又不太對！嚴格說來，應該是和翡翠水庫有很大的關係！

和翡翠水庫有關係？

對啊，因為我們家族最早是在翡翠水庫裡被發現的！

水庫「裡」？

呵呵，你聽我解釋喔！這是我阿公的阿公的阿公的阿公的阿公流傳下來的故事……

從前，有個台灣師範大學生命科學系的教授，叫做呂光洋，他在 1983 年時，在翡翠水庫預定地發現了我的祖先們！

圖片來源：維基百科

呂教授花了一點時間，寫了一些研究報告，很開心的告訴大家，我們是台灣特有的物種。也因為是在翡翠水庫預定地找到我們，然後我們又長得綠綠萌萌的，所以他就叫我們「翡翠樹蛙」。

可是，當他一公布我們這個特有物種之後，翡翠水庫也蓋好了，我們住的地方突然蓄滿了水，變成水庫，所以我才說我們是在水庫「裡」被發現的。

天啊！那不就是……好不容易被大家知道後，又立刻滅亡了！

沒有到滅亡啦！但家族人口一下子變得很少。

後來，人們啟動了保育計畫，打造這種「無汙染的人造水域」，所以你現在才可以看到我們在低海拔的森林地裡走跳。你找找看，這裡面有一隻我的姊妹喔。

在哪啊？

在這啦！

好隱密喔！

對啊！但不全部都是翡翠樹蛙的小時候！只是我們也像這些小蝌蚪一樣，小時候的日常就是每天忙著吃一直吃⋯⋯才能趕快讓四隻腳都長出來。

哇，這片水域有好多小蝌蚪耶！

翡翠樹蛙的蝌蚪

體色深且分布許多褐色細紋，尾鰭高呈現許多波浪狀，約4〜5週會長出四肢。

那你比較喜歡當小蝌蚪，還是長大成蛙啊？

這個問題好難回答喔！我雖然喜歡自己小蝌蚪的樣子，但是水中生活不是遊樂園，到處都有掠食者想把我們當晚餐！

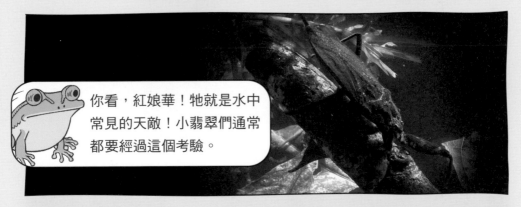

你看，紅娘華！牠就是水中常見的天敵！小翡翠們通常都要經過這個考驗。

一旦在水中通過生存考驗，順利成長之後，小翡翠就會努力爬上岸展開新的生活。

我記得爬上岸，還要經過好長的時間，才會變成你現在這麼大，對吧？

對呀，大約要兩三年吧！

現在，我好不容易從迷你小蛙，長成了 Young Lady！

終於可以好好談場戀愛，尋找我的 Mr. Right 了。

平常我的蛙友們，都獨自四散在樹林裡……

但是只要下過雨後，天氣又溼又涼，大家就會集合到水池開派對，像現在！

你要跟我一起待到晚上嗎？精采的夜生活就要開始嘍！

好啊！但是我會等到睡著嗎？

呱！

呱！

呱！

呱！

呱！

喔，是雄蛙在鳴叫了！

不會啦！你聽……

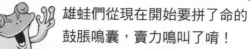

雄蛙們從現在開始要拼了命的鼓脹鳴囊,賣力鳴叫了唷!

到處都有雄蛙在演唱把妹求愛的專用歌曲耶!好震撼啊!

其實我看過一份研究報告，研究人員經過長期的調查發現……

在樹蛙的世界裡，雄蛙要獲得雌蛙的青睞，除了叫聲的特色之外，雄蛙的體型大小，還有到水池邊鳴叫的出席率，也是關鍵的決定因素。

簽到處

真的是這樣嗎？這麼挑的話，會不會找不到伴？

他調查的沒錯！我們的派對通常都是雄蛙多雌蛙少，根本不怕找不到伴。

好啦，現在我要仔細聽聽看我的 Mr. Right 了！先不要跟我講話喔！

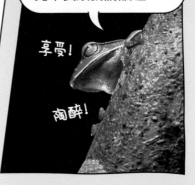

享受！

陶醉！

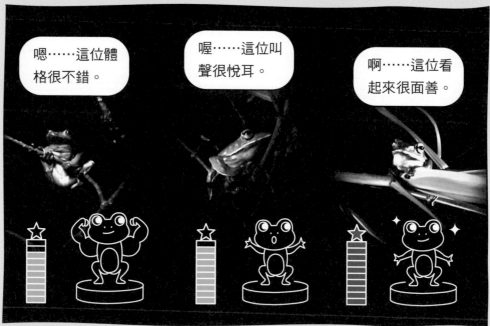

有了有了，就是牠了！

我得再靠近一點讓牠發現我。

嘿，帥哥我在這

喔……美女！
我看到你了！

原來翡翠樹蛙追求的過程是這樣，來自各地的雄蛙先發出聲音，雌蛙聽聽自己喜歡誰，然後再接近雄蛙，讓雄蛙發現並且追過來……

接下來，一直到交配前，Mr. Right 都會緊緊的抱著我。

寶貝我抓緊了，出發吧！

這就是傳說中的抱接行為耶！

好的，到處挑選適合產卵的地點吧！

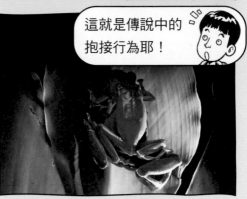

因為我是健壯型的啊！

親愛的，你還蠻重的耶。

真的是甜蜜的負擔啊！

可是，你們在找什麼？要去哪啊？

我們在找一塊下方有水，上方又有植物的地方產卵啊！

因為我們不是水下產卵的青蛙，是在水上的枝葉產下卵泡。

喔，找到了，這裡很適合！

變成泡沫狀的卵泡！

我知道，這些卵泡兼具著保溼和抵禦天敵的功能！

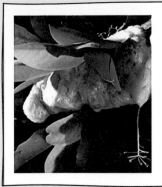

翡翠樹蛙的卵泡

剛產下的新鮮卵泡是白色的，風乾後為淡黃色，每次約可產下 400 顆的卵粒在泡沫中，最多可達 800 顆！

呼，好累啊！

辛苦了！

接下來，只要等待寶寶孵出來，還要等待下次下雨。

60%

孩子們！安全的孵化長大吧！ Go Go Go ！

太感人啦

這些蓄勢待發的小生命們，就會跟著雨水流進我選定的水池裡，迎向牠們嶄新的蛙旅！

~THE END~

特有種任務 GO!

小翠相親日

　　小翠是隻雌蛙，正要出門參加盛大的翡翠樹蛙求偶派對；她現在非常緊張，怕自己有任何一個環節出錯，會因此找不到老公。讓我們來幫她預演一下整個過程吧！

小翠：天啊！我好緊張喔！到了求偶派對我該怎麼做呢？

答案：＿＿＿＿＿＿＿＿＿＿＿＿＿＿＿＿＿＿＿＿

小翠：好的……好的……如果我聽中了一個喜歡的對象，我該怎麼做呢？

答案：＿＿＿＿＿＿＿＿＿＿＿＿＿＿＿＿＿＿＿＿

小翠：呼！終於在蛙群中找到了我的MR. Right，接下來該怎麼辦呀？

答案：＿＿＿＿＿＿＿＿＿＿＿＿＿＿＿＿＿＿＿＿

小翠：終於到最後的環節了，我們接著該去哪裡產下卵泡呢？

答案：＿＿＿＿＿＿＿＿＿＿＿＿＿＿＿＿＿＿＿＿

奇怪的鄰居

　　小布是一隻布氏樹蛙，牠們家旁邊搬來一窩可疑的鄰居，長得有點像布氏樹蛙，但又有點不一樣。小布想要通報熱情的青蛙專家，請你幫牠描述這群可疑鄰居的模樣：

❶「牠們和我們長得真的很像，可是腿上的花紋有點不一樣……哪裡不一樣呢？」

答案：＿＿＿＿＿＿＿＿＿＿＿＿＿＿＿＿＿＿＿＿＿＿＿＿＿＿＿＿＿

＿＿＿＿＿＿＿＿＿＿＿＿＿＿＿＿＿＿＿＿＿＿＿＿＿＿＿＿＿

❷「牠們的繁殖速度比我們快太多了！為什麼會這樣？」

答案：＿＿＿＿＿＿＿＿＿＿＿＿＿＿＿＿＿＿＿＿＿＿＿＿＿＿＿＿＿

＿＿＿＿＿＿＿＿＿＿＿＿＿＿＿＿＿＿＿＿＿＿＿＿＿＿＿＿＿

❸熱情的青蛙專家接到通報後，急忙趕往現場，果然發現斑腿樹蛙已經侵入布氏樹蛙的棲息地，你可以怎麼做？

答案：＿＿＿＿＿＿＿＿＿＿＿＿＿＿＿＿＿＿＿＿＿＿＿＿＿＿＿＿＿

＿＿＿＿＿＿＿＿＿＿＿＿＿＿＿＿＿＿＿＿＿＿＿＿＿＿＿＿＿

蛇界的路殺糾察小隊長
✕
吃軟不吃硬的小呆萌

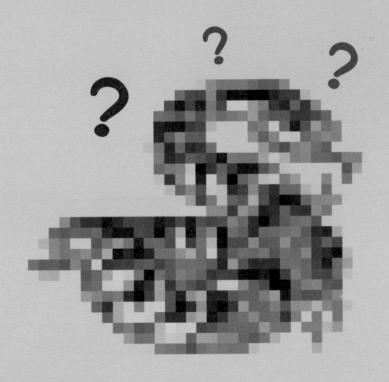

蛇界的路殺糾察小隊長

吳奕達
今年17歲，
生肖屬蛇，熱愛蛇！

蛇是夜行性動物，我也是。如果
天氣適合，晚上我會到附近的
郊區做觀察，蜥蜴、青蛙、蛇，
我都能一眼看出來！

Ollie是我從國小一起長大的
好朋友!

熱愛蒐集各種和蛇有關
的物品,像是蛇模型、蛇
蛻、蛇海報。

蛇不可怕,只是被許多故事汙名化。期許
自己有能力可以讓大家多看到蛇美妙的一
面,也立志成為路殺糾察隊小隊長,尋找
小扁蛇,避免動物被二次路殺。

我愛蛇，可是我委屈！

　　一直以來，我留著一頭飄逸的長髮，常常被店員叫成妹妹或是小姐，你如果問我為什麼要留著長頭髮，和蛇有關係嗎？其實沒有，原因很簡單，只是很喜歡漫畫裡，留著低馬尾的「六道骸」角色。

　　那麼，我為什麼喜歡蛇呢？和生肖屬蛇有關係嗎？我不太確定，確定的是，我喜歡牠們修長的身軀、獨特的攀爬模樣，以及特殊的骨骼構造，也許是這種奇特的感覺，讓我覺得好像看到特立獨行的自己，因此對蛇深深著迷。

蛇的特殊構造

　　蛇的最大特點是脊椎數目多，常達 160 個、甚至可到 400 個以上。在脊椎骨中央面生有一對稱為「椎弓突」的構造，以限制脊椎骨之間的活動。蛇體主宰行動的部分，是每個脊椎骨左右兩邊連接的一對肋骨。蛇沒有胸骨，在肋骨上連到腹面體壁的鱗片肌肉，肌肉收縮時拉動鱗片，並使體壁收縮，達到運動的作用。

很小開始，我就愛著蛇，可是卻常常因為蛇受到委屈，因為大部分的人不喜歡蛇、害怕蛇，總是認為蛇很可怕。就像我很愛在國小、國中的作業本上寫蛇的事，如果沒有用蛇當題材，我什麼都寫不出來，可是曾經有個老師非常討厭蛇。有一天，他受不了了，把我的作業本丟在地上！他說：「不要再寫蛇了！」我當時非常沮喪，不明白蛇怎麼了？或者，寫蛇有什麼問題嗎？現在想來，我才明白大家可能都誤會蛇了，其實牠們並不可怕！總之，就讀高中以前，我常常覺得很孤單。

▲作業本上到處是蛇的蹤跡。

就讀高中後，就不孤單了嗎？你是不是有點好奇？其實，我現在就讀的松山高中，有一個生物研究社，那裡收留了將近 30 多種被棄養的動物或外來種，當然也包含我最愛的蛇。加入這個社團，照顧這些動物，讓我感到好溫暖，不斷在心裡歡呼著：「終於有人可以跟我討論了！」那是一種，終於被接納的感覺啊！

▲生物研究社就像個安全的堡壘。

▲小扁蛇就是被路殺扁掉的各種蛇。

尋找小扁蛇

　　哦！對了，差點忘記，我最近正在尋找一種「小扁蛇」！

　　這種小扁蛇，身體很扁，總是攤在道路上，聽起來有點可愛對嗎？

　　不，一點都不可愛，小扁蛇其實就是在車道上，被路殺的各種蛇類！你一定在想，蛇不就是穿梭在樹林、草叢間生活嗎，為什麼會在車道上被車輾斃呢？最重要的其中一個原因，可能是棲地破壞。

　　假設，原本這裡有一片森林，森林裡棲息了許多蛇和各種動物，突然間，人類為了方便，開了一條柏油路，橫越這座森林。可是住在森林裡的野生動物還是得照樣生活，照樣往來馬路的兩邊，就像蛇這種外溫動物，經常會晚上的時候靠

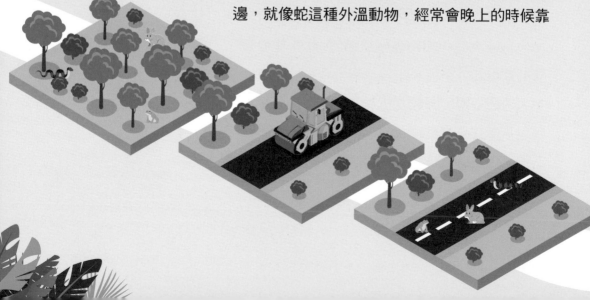

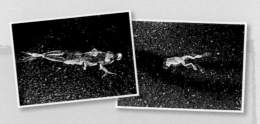

外溫動物需要晒太陽！

「外溫動物」是沒有體內調溫系統的動物。體溫是隨著「外」界環境的變化而變化的（因此有時也被稱為「變溫」動物），牠們雖然也會消化食物產生熱量，但沒有體溫控制中心，因此當環境很冷時，牠們身體的熱量就會不斷散失到環境中，而當環境很熱時，牠們的身體也會被環境「加熱」呢！大部份的無脊椎動物、魚類、兩棲動物、爬蟲類等，都屬於外溫動物。這些生物在冬季的低溫來臨時，常各有特殊的適應行為，像許多爬蟲類會在太陽下，把身體「烤」熱，或乾脆「冬眠」睡大覺去了。蛇在石頭上晒太陽、魚在水中換到不同的深度、沙漠動物白天埋在沙裡、昆蟲顫動翅膀，溫暖它們的飛行用的肌肉都是。

近溫暖的路面，以獲取能量，升高體溫。這個時候，如果突然有一輛車急速經過，牠們又正好停留在道路上，那麼，不論是什麼蛇，就會瞬間變成「小扁蛇」了呀！

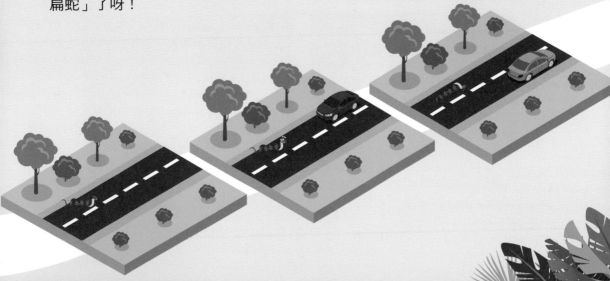

找到小·扁蛇，然後呢？

　　說了這麼多，有人好奇我為什麼要尋找小扁蛇嗎？是要拯救被路殺的小扁嗎？還是單純只是想幫這些小扁蛇安葬！都不是，而是一個更重要的事——避免二次路殺！

Lucky!
一次路殺
二次路殺

　　大自然裡，許多動物都有食腐性，這些動物牠們對食物的新鮮度並沒有太多的要求，所以當牠們發現，天啊，那裡有現成、可口的食物時，就會跑到道路上去吃。這個時候，如果正巧又有車輛經過，通常又會迅速的再把這隻動物輾過去，變成了二次路殺。

　　所以，尋找小扁蛇，並不只是為了我喜歡蛇，想為牠們安葬，而是希望減少更多野生動物莫名的死亡。通常，我會先到路旁撿一些樹枝，然後把牠從柏油路上拿起來，不要留下任何的東西。

避免二次路殺 SOP

1. 撿拾路邊的樹枝。

2. 用樹枝將路殺動物殘塊移至路旁。

你看，馬路上有蛇！

　　我曾經做過一個實驗，在台北外雙溪的道路上擺上一條假蛇，接著躲在一旁觀察，看看駕駛各種車輛的人反應是什麼？觀察了一小時，結果是沒有一輛車停下來，或者閃避假蛇，幾乎都是直接壓過去，就連機車、單車騎士都沒看到，只有少數行人發現假蛇，由此可知，人們平常在開車、騎車時，是有多麼難注意到路面上的野生動物。

　　這該怎麼辦呢？也許應該在這些野生動物的棲地，立上標示，提醒駕駛注意，看看能否有些幫助啊！

說了這麼多，差點忘了今天最重要的任務，要帶大家認識一種台灣特有的蛇類，是什麼呢？一起去看看吧！GO！

吃軟不吃硬的小呆萌——泰雅鈍頭蛇

今天要介紹誰呢？

我，冰冷滑溜的身體，殺氣騰騰的黃眼，人見人怕，一擊斃命的劇毒殺手！

哈哈，小可愛，別做夢了！該回到現實嘍！

對啦！其實我只是蛇界裡無毒、身材嬌小、吃軟不吃硬的小可愛，**泰雅鈍頭蛇**。

滑溜

滑溜

小檔案

鈍頭蛇科鈍頭蛇屬
身長：60-70 公分
體重：20-60 公克
毒性：0%

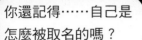

你還記得……自己是怎麼被取名的嗎？

記得啊！

我有微鈍的吻端與內凹的上脣，看起來呆萌呆萌的，才會被叫做鈍頭蛇。

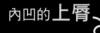

內凹的**上脣**

微鈍的**吻部**

看起來呆萌呆萌的

內凹

微鈍

呆萌

沒有要否認的意思

可是你的名字前面還有個「泰雅」耶！

嗯，很特別吧！這說來話長……

我記得那天我和平常一樣，行動低調隱密，白天躲在陰涼的地方睡覺。

太陽下山才出來趴趴走，我睡了一天，就想起床找東西吃……

不是啦，原來抓起我的人，不是壞人！

不是壞人？那他們是什麼人？

他們是台灣的研究人員，多虧他們把我捧起來仔細端詳，帶回去研究。

除了測量我的長度跟身體特徵。

還進行了一次又一次的野外記錄。

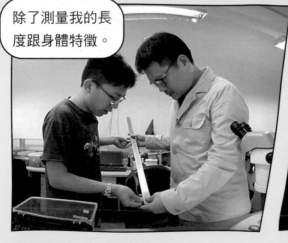

才發現我很特別,和其他鈍頭蛇
家族有很多細微的差異!

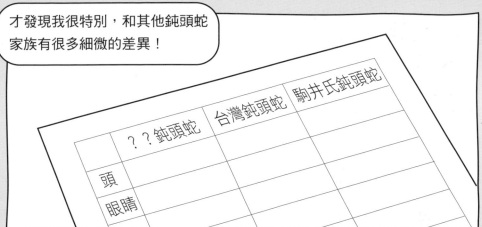

	？？鈍頭蛇	台灣鈍頭蛇	駒井氏鈍頭蛇
頭			
眼睛			

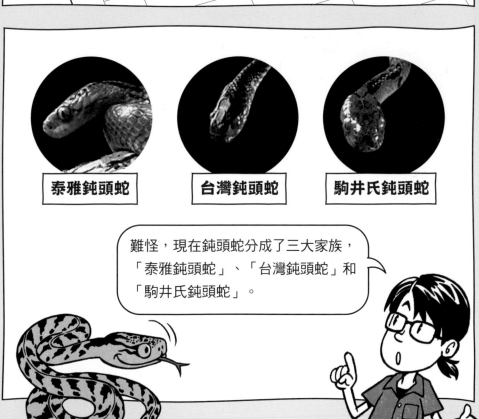

泰雅鈍頭蛇　　　　台灣鈍頭蛇　　　　駒井氏鈍頭蛇

難怪,現在鈍頭蛇分成了三大家族,
「泰雅鈍頭蛇」、「台灣鈍頭蛇」和
「駒井氏鈍頭蛇」。

那要怎麼分辨你們呢？

讓我來教大家！

以體長相同的蛇來說，我們泰雅鈍頭蛇的頭比較長，台灣鈍頭蛇的頭比較短；

台灣鈍頭蛇

駒井氏鈍頭蛇

泰雅鈍頭蛇

而台灣鈍頭蛇，是橘紅色的眼睛；駒井氏鈍頭蛇，就比較難分辨，因為牠們的眼睛，和我們一樣是黃色的！

頭部跟眼睛有這麼多相似之處,到底還能從哪裡分辨呢?

只能從鱗片的形態做比較。

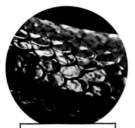
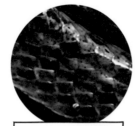

台灣鈍頭蛇 **駒井氏鈍頭蛇** **泰雅鈍頭蛇**

台灣鈍頭蛇的鱗片是完全平滑。

駒井氏鈍頭蛇的鱗片中間,有突出來的鱗脊。

泰雅鈍頭蛇有鱗脊的鱗片列數,介於牠們兩者之間。

天啊!這是好細微的觀察!

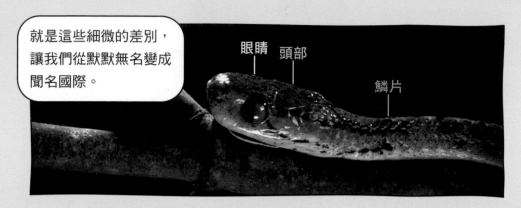

就是這些細微的差別，讓我們從默默無名變成聞名國際。

眼睛　頭部

鱗片

託這些研究人員的福，我們有了「泰雅鈍頭蛇 *Pareas atayal*」這個正式的名字！

還躍上國際期刊版面，成為第一個由台灣人，發表的本土蛇類新種！

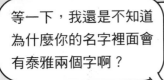

等一下，我還是不知道為什麼你的名字裡面會有泰雅兩個字啊？

別急，我還沒有說完。

因為我們分布於雪山山脈、中央山脈以北與台中、苗栗等中低海拔山區。

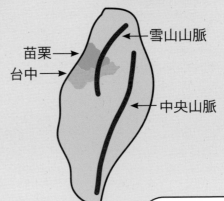

苗栗 →
台中 →

→ 雪山山脈

← 中央山脈

這些範圍大多與泰雅族的傳統領域重疊，因此以泰雅（Atayal）為學名的一部分

原來如此，我終於懂了！

嚼嚼嚼

看我把牠吃得乾乾淨淨。

拋！

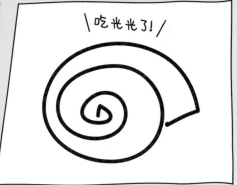

\吃光光了！/

留下殼！怎麼辦到的？

給你看看我的祕密武器！

你看！

是口臭？

是我左右不對稱的牙齒！

右下顎

左下顎

我們泰雅鈍頭蛇的左邊，大約 11 顆牙，而右邊卻約有 20 顆，

真的耶！可是這樣不對稱的牙齒，有什麼好處呢？

是這樣的，仔細觀察，你會發現有九成的蝸牛是右旋的殼。

右旋

稍早畫面

當我們吃蝸牛的時候，會把蝸牛殼反過來。

右下顎

左下顎

蝸牛

牙齒較多的右下顎，可以緊緊的固定住蝸牛。

牙齒較少的左下顎，可以咬住蝸牛滑溜的身體。

這樣左右交替反覆的拖拉，就可以把蝸牛肉勾出來啦！

你真的吃得乾乾淨淨耶！

在我們好不容易演化成右旋蝸牛的殺手之後，蝸牛也演化出左旋方向的殼，輕鬆躲避我們的捕食！

左旋

怎麼辦，那你現在要吃什麼？

沒關係，我再找找有什麼？

咦？這有蛞蝓！

哈哈！更棒，那就是沒有殼的蝸牛！

抖

再三確認

嚼

哎呀！

我要開動了！

真是天無絕蛇之路啊！

~THE END~

特有種任務 GO!

解開怪奇事件疑雲

　　這天在森林裡出現了三起怪奇事件，警察先生接獲線報後抵達每個案發現場，細細研究討論，記錄了以下這些訊息。你可以和大家一起想一想，到底發生了什麼事？

怪奇案件一

時間：傍晚

地點：緊鄰森林的馬路上

紀錄：

根據目擊者小松鼠表示，牠發現路上的老鼠時，牠的身體三分之一是扁掉的，明顯已經死亡，身邊躺著一隻奄奄一息的母石虎。

❶ 你認為凶手可能是誰？為什麼？

_____

_____

❷ 請你寫下或畫下事情發生的經過。

❸ 你認為這個事件可能發生在台灣西部的苗栗，還是東部的宜蘭？

_____

怪奇案件二

時間：夜間

地點：樹枝上

紀錄：

一隻右旋蝸牛剩下空殼，殼上還有少許黏液，才剛死亡；旁邊有左旋蝸牛，但安然無恙的爬著；樹葉上青蛙靜靜的窩著沒有出聲，花螳螂舉著手臂在高處看到後報案。

❶你認為凶手是誰？為什麼？

　1.花螳螂

　2.左旋蝸牛

　3.泰雅鈍頭蛇

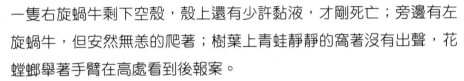

❷請你畫下凶手的樣貌。

從「台灣特有種」學核心素養

　　各位大小讀者在讀完這本特有種的書之後，除了完成特有種任務，想想看你有什麼收穫或感想呢？你喜歡誰的故事，有特別熱愛的物種嗎？你一定發現這本書的內容非常豐富，不僅**扣合國中、小的生物、自然課程，也和社會、公民領域及國際觀息息相關**，12年國教的重要任務，就是培

核心素養		12年國教 19項重要議題	埋首昆蟲世界的分類高手 × 森林裡的角鬥士	蟻人和蝙蝠俠的保母 × 火山島上的金鐘罩
	自主行動	★性別平等教育		
		★人權教育		
		★環境教育	✔環境教育	✔環境教育
		★海洋教育		
		安全教育		
		國際教育	✔國際教育	✔國際教育
		科技教育	✔科技教育	✔科技教育
		資訊教育	✔資訊教育	
	溝通互動	能源教育		
		品德教育		✔品德教育
		生命教育	✔生命教育	✔生命教育
		法治教育		
		家庭教育		✔家庭教育
		防災教育		
	社會參與	生涯規劃教育	✔生涯規劃教育	
		多元文化教育		
		閱讀素養	✔閱讀素養	✔閱讀素養
		戶外教育	✔戶外教育	✔戶外教育
		原住民族教育		

養每個孩子的「核心素養」，想想看，這些參與保育行動的大哥哥大姊姊有沒有具備這些能力，你可以向他們學習什麼？你又可以加強什麼呢？

　　表格下方列出12年國教希望每個人都能涉獵和重視的19項重要議題，這裡整理出書中的八個單元各自涵蓋的領域，相信這本書能帶給你豐富的知識和收穫，擠身台灣特有種的行列！

	原生蛙棲地的守護者 × 池岸林邊的綠寶石	蛇界的路殺糾察小隊長 × 吃軟不吃硬的小呆萌
		✔性別平等教育
	✔環境教育	✔環境教育
		✔國際教育
	✔資訊教育	
	✔生命教育	✔生命教育
	✔家庭教育	
	✔生涯規劃教育	
		✔多元文化教育
	✔閱讀素養	✔閱讀素養
	✔戶外教育	✔戶外教育
		✔原住民族教育

特有種網站

　　看完這些台灣特有種的人、事、物，是不是還意猶未盡呢？如果想看《台灣特有種》生動的影像播出，可以掃描以下QR CODE，就能看到更多喔！除了節目之外，這裡也整理出許多專業的網站，提供大家自學或掌握生物資訊。

◆公共電視《台灣特有種》節目

台灣深山鍬形蟲

大圓斑球背象鼻蟲

翡翠樹蛙

泰雅鈍頭蛇

台灣櫻花鉤吻鮭

台灣招潮蟹

台灣獼猴

黑長尾雉——帝雉

需先登入會員（免費加入）

◆生物研究相關網站、臉書社團

特生中心台灣生物
多樣性網站

2020生物多樣性超級年

台灣動物路死觀察網

林務局森活情報站
臉書粉專

公視《台灣特有種》
節目粉專

Ecology＆Evolution translated
「生態演化」中文分享版

兩棲爬行動物研
究小站臉書粉專

野生動物急救站
臉書專頁

昆蟲擾西
吳沁婕粉專

小劇場時間

小劇場開演了！現在請你化身導演，將漫畫加上對話，塗上顏色或添加自己心中的畫面，創造屬於你自己的特有種小劇場吧！

你還認識其他鍬形蟲特有種嗎？
畫下來或是找到牠們的照片，為牠們製作專屬的小檔案吧！

你還認識其他象鼻蟲特有種嗎？
畫下來或是找到牠們的照片，為牠們製作專屬的小檔案吧！

你還認識其他青蛙特有種嗎？
畫下來或是找到牠們的照片，為牠們製作專屬的小檔案吧！

你還認識其他蛇的特有種嗎？
畫下來或是找到牠們的照片，為牠們製作專屬的小檔案吧！

解答 （答案僅供參考）

特有種任務 GO!

昆蟲擂台大賽‧開打！

昆蟲擂台大賽即將展開，這次登場的是格鬥大師──鍬形蟲。不過，主持人把介紹他們出場的卡片弄亂了。請你幫幫忙，根據下列描述，寫上正確的鍬形蟲物種吧！

A.紅圓翅鍬形蟲　　B.台灣深山鍬形蟲　　C.二點赤鍬形蟲

B
1. 身體特徵：油亮黑褐色，有修長、向下彎的大顎，雄蟲體長約35～86公釐。
2. 必殺絕技：從上方箝制對手背部，伺機抓舉再狠狠拋出。

C
1. 身體特徵：胸背上有對稱的兩個黑點，全身黃褐色。
2. 必殺絕技：擅長持久戰，大顎上下都有感受器，習慣把大顎伸到對手身體下面，夾住對方的腳，狠狠鏟起。

SOS‧昆蟲追緝令

新郵件
寄件人：小糊塗
收件人：小聰明
主旨：去抓蟲！

親愛的小聰明：

我下星期即將和昆蟲博士外出採集昆蟲，可是我把他交代事情搞混了。以下是博士列給我的清單，拜託，請你幫幫我！

◎採集方法：攔截板採集法。

◎採集對象：沒有趨光習性的小蟲蟲。

◎準備工具

✓透明塑膠布　☐捕蟲網　☐電蚊拍　✓酒精　✓洗衣精
☐手電筒　✓架子　✓水盆　☐漏斗　☐吸蟲器

◎出發總要有個方向，我要去哪找他們？

✓淺淺的溪谷　☐泥濘的沼澤　☐漆黑的山洞　☐學校的操場

◎到適合的地點，該怎麼架設捕蟲器材呢？請寫下步驟。

架設裝了塑膠布的攔截板→水盆裝加水稀釋酒精和洗衣精。

特有種任務 GO!

小寶石生存大挑戰！

小寶石是一隻大圓斑球背象鼻蟲，牠原本住的火筒樹被人類破壞了，只好踏上尋找新家的危險旅程。不幸的是，小寶石的蹤跡在一片葉子上被大蜥蜴發現了，趕快幫忙小寶石出招，不要讓牠被大蜥蜴吃掉！

●大蜥蜴使出「爬爬功」！
爬到了小寶石所在的葉片上，快幫小寶石想辦法！
小寶石的招式：和大蜥蜴捉迷藏，不被找到。

●大蜥蜴使出「四腳飆動」！
追著小寶石滿葉子跑，葉子上已經沒地方躲了，快幫牠出招！
小寶石的招式：跳下葉子，快跑！

●大蜥蜴速度太快了……
追上了小寶石，張開大口咬了下去，該怎麼辦？
小寶石的招式：鼓起勇氣正面對決。

●太好了！你們聯手擊退大蜥蜴。
小寶石為了感謝你，請你設計牠未來的家，這可是象鼻蟲界最高榮譽呢！請畫出小寶石理想的家：
（請自由發揮）

可憐小蟲迷路了！

夜晚吹來陣陣微風，晚上九點多，大地睡了，但是晚上不睡覺的昆蟲可多了。因此，昆蟲派出所的「生警」總是很好。咦？怎麼有一隻可疑的小蟲子探頭探腦呢？原來，牠迷路了。

●請你根據下列描述，想一想牠是什麼昆蟲？
1. 長的很像螞蟻，體型卻比一般螞蟻還大。
2. 背上有兩塊像是翅膀脫落的痕跡。
3. 牠說肚子餓了，想吃一點糖，或者麵包蟲。
牠是蟻后

●牠晚上不睡覺，外出做什麼呢？
晚上是螞蟻的婚飛期（交配期），
外出去找別窩的雄蟻交配。

●你知道牠是誰了嗎？幫牠畫個家吧！
（請自由發揮）

特有種任務 GO!

小翠相親日

　　小翠是隻雌蛙，正要出門參加盛大的翡翠樹蛙求偶派對；她現在非常緊張，怕自己有任何一個環節出錯，會因此找不到老公。讓我們來幫她預演一下整個過程吧！

小翠：天啊！我好緊張喔！到了求偶派對我該怎麼做呢？

答案：仔細聆聽雄蛙的叫聲，聽出他們是什麼樣的青蛙。

小翠：好的……好的……如果我聽中了一個喜歡的對象，我該怎麼做呢？

答案：循著聲音靠近他。

小翠：呼！終於在蛙群中找到了我的MR. Right，接下來該怎麼辦呀？

答案：叫他爬上我的背。

小翠：終於到了最後的環節了，我們接著去哪裡下卵泡呢？

答案：找一塊下方有水，上方又有植物的地方產卵。

奇怪的鄰居

　　小布是一隻布氏樹蛙，他們家旁邊搬來一窩可疑的鄰居，長得有點像布氏樹蛙，但又有點不一樣。小布想要通報熱情的青蛙專家，請你幫他描述這群可疑鄰居的模樣：

❶「他們和我們長得真的很像，可是腿上的花紋有點不一樣……哪裡不一樣呢？」

答案：我們腿上的花紋是白底黑色網紋狀，他們是黑底白點。

❷「牠們的繁殖速度比我們快太多了！為什麼會這樣？」

答案：斑腿樹蛙繁殖期比我們多三個月，產下的卵也比我們多。

❸熱情的青蛙專家接到通報後，急忙趕到現場，果然發現斑腿樹蛙已經侵入布氏樹蛙的棲息地，你可以怎麼做？

答案：把斑腿樹蛙抓起來，送到台北野鳥協會冷凍起來，成為需要救援的肉食性猛禽或幼鳥的食物。

特有種任務 GO!

解開怪奇事件疑雲

　　這天在森林裡出現了三起怪奇事件，警察先生接獲線報後抵達每個案發現場，細細研究後討論，記錄了以下這些訊息。你可以和大家一起想一想，到底發生了什麼事？

怪奇案件一

時間：傍晚
地點：緊鄰森林的馬路上
紀錄：
根據目擊者小松鼠表示，她發現路上的老鼠時，牠的身體三分之一是扁掉的，明顯已經死亡，身邊躺著一隻奄奄一息的母石虎。

❶你認為凶手可能是誰？為什麼？

凶手可能是人類，是「路殺」。

❷請你寫下或畫下事情發生的經過。

這裡從前是小動物生活的地方，卻被開發成道路，人類開車經過時，把小動物壓扁了。

❸你認為這個事件可能發生在台灣西部的苗栗，還是東部的宜蘭？

可能發生在台灣西部的苗栗。

怪奇案件二

時間：夜間
地點：樹枝上
紀錄：
一隻右旋蝸牛剩下空殼，殼上還有少許黏液，才剛死亡；旁邊有左旋蝸牛，但安然無恙的爬著；樹葉上青蛙靜靜的窩沒有出聲，花螳螂舉著手臂在高處看到後報案。

❶你認為凶手是誰？為什麼？

1.花螳螂
2.左旋蝸牛
3.泰雅鈍頭蛇

凶手是泰雅鈍頭蛇，右旋蝸牛是泰雅鈍頭蛇的最愛，牙齒較多的右下顎固定蝸牛，牙齒較少的左下顎，可以咬住蝸牛的身體，反覆拖拉，把蝸牛肉勾出來。

❷請你畫下凶手的樣貌。

（請自由發揮）

The Small Big 台灣特有種 1
跟著公視最佳兒少節目一窺台灣最有種的物種

作　　者	公共電視《台灣特有種》製作團隊
文字整理	貓起來工作室、陳怡璇
繪　　圖	傅兆祺

社　　長	陳蕙慧
副總編輯	陳怡璇
主　　編	胡儀芬
責任編輯	貓起來工作室、鄭孟仔
審　　定	台灣師範大學生命科學系教授 林思民
行銷企畫	陳雅雯、尹子麟、張元慧
美術設計	貓起來工作室

出　　版	木馬文化事業股份有限公司
發　　行	遠足文化事業股份有限公司（讀書共和國出版集團）
地　　址	231 新北市新店區民權路 108-4 號 8 樓
電　　話	02-2218-1417
傳　　真	02-8667-1065
Ｅ ｍ ａ ｉ ｌ	service@bookrep.com.tw
郵撥帳號	19588272 木馬文化事業股份有限公司
客服專線	0800-2210-29

印　　刷	通南彩印印刷公司

2020（民109）年 4 月初版一刷
2023（民112）年 7 月初版八刷

定　　價	320 元
Ｉ Ｓ Ｂ Ｎ	978-986-359-782-7

什麼?沒了!只有四種
生物和人物故事嗎?
太少了吧?

快走啦,第二集
在等我們了!